中国航天科工二院二〇八所 组织审定

空天宝贝探索吧

马倩/主编

郑焱 唐纹 谢露茜/著

王柯爽 郭真如/绘

④ 出发,寻找陨石

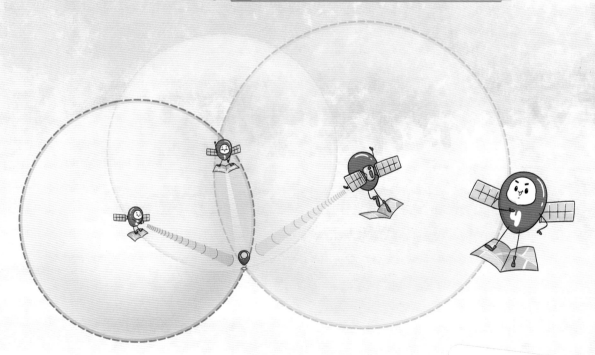

电子工业出版社·

Publishing House of Electronics Industry

北京·BEIJING

U0281477

卫星已经就位，天宝要为寻找陨石做最后的准备了。

上官兔教授带大家来到了卫星地面站。一个个庞然大物出现在面前，有的像圆球，有的像大锅。

小朵感叹道："好大的锅啊，如果妈妈用这个做饭，一定可以做很多很多好吃的。"

蜜枣听到后，开心地转起了圈圈。

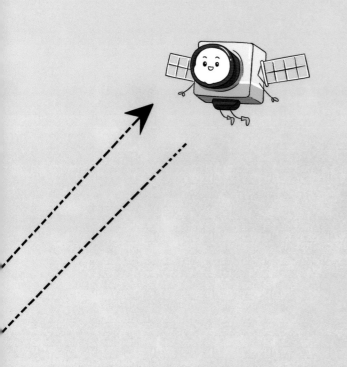

上官兔教授笑道："这些是卫星地面站的天线系统，专门负责接收和发送卫星信号，我们通过它们来指挥卫星完成任务。"

上官兔教授接着说："要寻找陨石，除了需要卫星和地面站的帮助，还要有导航卫星信号接收器。"

在上官兔教授的指导下，光速蜗牛安装好了参北斗卫星信号接收器。

上官兔教授解释道："有了信号接收器，光速蜗牛就可以收到参北斗家族传来的实时信号，计算出自身的位置，在地图系统中规划出寻找陨石的路线。"

天宝高兴地说："太好了，这样就可以找到陨石啦！"

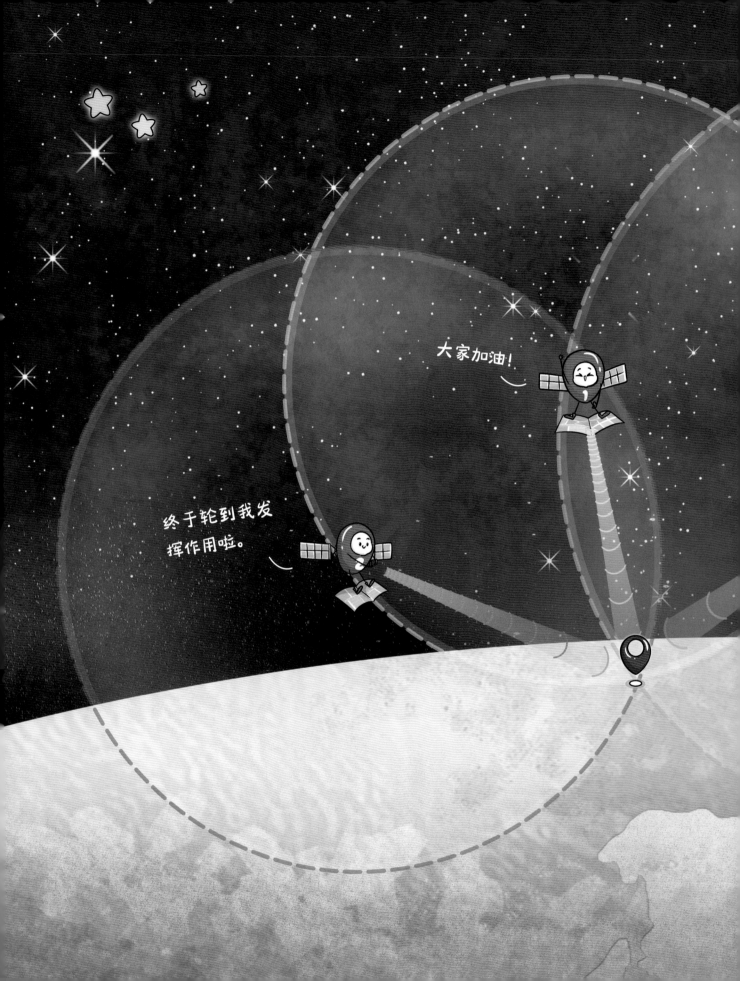

此时，太空中的参北斗
兄弟们正在努力给信号接收
器发送信号。

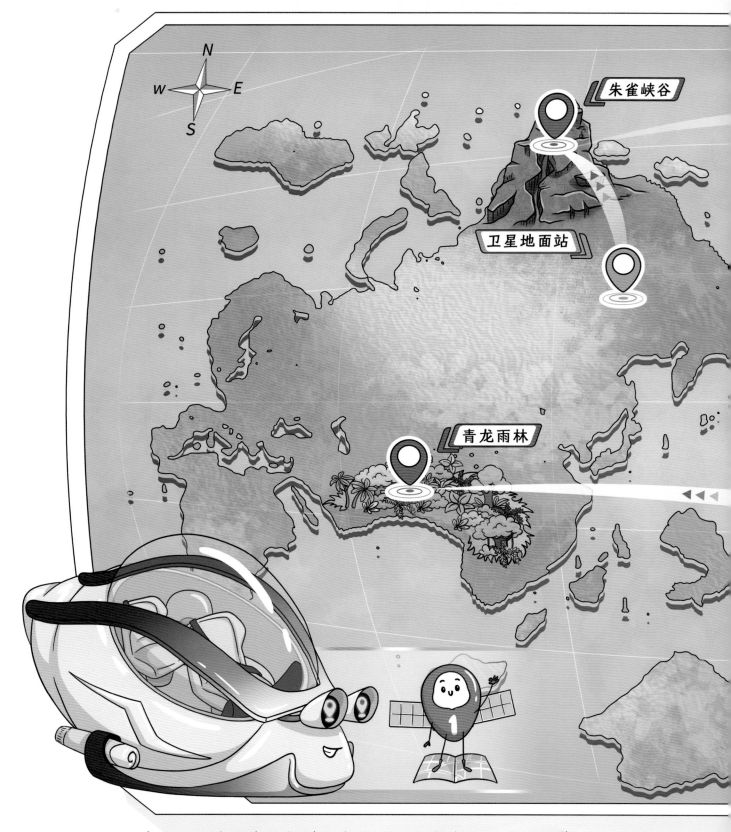

不一会儿，光速蜗牛就收到了参北斗卫星发来的信号，屏幕上立刻出现了清晰的路线，依次是朱雀峡谷、白虎冰山、玄武沙漠和青龙雨林。

天宝和小朵兴奋极了，迫不及待地要飞往目的地。
他们向教授道别："上官兔教授，谢谢您的帮助！我们
一定努力寻找陨石。光速蜗牛，出发吧！"

在参北斗家族的帮助下，光速蜗牛在空中飞速前进。途中，穿过厚厚的云层，遇到了成群的鸟儿。不一会儿，朱雀峡谷出现了。

峡谷的顶峰处有红色光芒！

蜜枣好奇地叫道："喵呜！"

　　天宝按下光速蜗牛上的"贴壁飞行"按钮，光速蜗牛随即沿峭壁滑行，简直就是一个灵活的小胖子。

　　很快，他们就来到了红光位置。一颗璀璨夺目的红色石头赫然出现在他们眼前。

天宝拿起这颗闪烁的陨石，只见它的大小跟自己的手掌一样。

小朵："这就是陨石吗？怎么这么小啊？"

天宝："我爸爸说过，陨石进入大气层会分裂、燃烧，所以大陨石就变成小陨石啦。"

天宝开心地大喊："这就是第一颗陨石啦！感谢参北斗！"

小朵激动地说："我们立刻去寻找第二颗吧！"

他们继续驾驶光速蜗牛飞行，屏幕上显示出从朱雀峡谷到白虎冰山的路线图。

白虎冰山

　　途中，天气越来越寒冷，空中飘起雪花，蜜枣躲在小朵的怀中瑟瑟发抖。

　　光速蜗牛发出提示，因为能量较低，即将降落。

　　糟糕，天宝一心寻找陨石，忘记给光速蜗牛补充能量了。

光速蜗牛没有能量了，这可怎么办呢？

就在大家陷入惆怅时，光速蜗牛搜寻到导弹车队就在附近，有希望了！他们立刻飞了过去。

小朵看着前方喊道："快看！是导弹车队！"

天宝说："原来，导弹车队在这里做低温试验呢。"

吞山热情地说："天宝，小朵，我们又见面了！"

天宝诚恳地说："你们辛苦了！我们正前往白虎冰山，不料途中光速蜗牛能量不足，无法抵达，还请各位施以援助！"

伏特风暴迅速驶来，说道："提供能源是我的职责，我伏特风暴义不容辞！"

随着能量一点点输送，没一会儿，光速蜗牛就恢复了动力，蓄势待发。

天宝他们回到驾驶舱,挥手告别导弹车队:"谢谢战车们,我们出发了!你们来这么寒冷的地方做试验,太值得敬佩了!"

导弹车队齐声说:"加油,有机会再相见!"

光速蜗牛继续向前，来到了广阔的冰山海域。前方依
稀可见一处蓝光闪烁，一颗蓝色石头冻结在冰川顶部。
"这一定是第二颗陨石啦！"小朵激动地说。

大家成功地拿到了第二颗陨石。

紧接着，参北斗又发来了定位信号，光速蜗牛开始搜索下一站的信息——玄武沙漠。

白虎冰山

沿着路线图，空天宝贝再次
出发，向茫茫大漠飞去。

就在接近下一颗陨石时，追风妹妹突然出现在屏幕上，同时，驾驶舱中传来警报声："请注意！前方沙尘暴来袭。"

气象卫星追风监测到了极端天气！

沙尘暴来势汹汹，一瞬间，狂风怒吼，漫天黄沙，空天宝贝陷入了一片灰暗之中。

警报！

　　光速蜗牛剧烈地震动，驾驶舱显示屏中的定位也不见了。

　　小朵惊慌地喊："发生了什么？"

　　天宝惊叫道："不好，参北斗的信号消失了！"

　　在这股强烈的沙尘暴中，没有了导航，光速蜗牛迷失了方向，只能随着气流不断下降……

科普知识点

《空天宝贝探索吧》

卫星地面站

　　卫星地面站是卫星系统中重要的组成部分，是主要位于地球表面的地面终端站，可以是固定的或移动的，各种用途的地面站略有差异，但基本设施相同。地面站的基本作用是向卫星发射信号，同时接收由其他地面站经卫星转发来的信号。

天线系统

为了实现与天上卫星的"沟通"，一个典型的地面站需要配备天线系统、发射机、接收机等多种精密复杂仪器。其中，天线系统最主要的设备就是形似"大锅"的天线，它主要是将发射机送来的信号经天线向卫星方向辐射，同时它还将接收的卫星信号送往接收机。

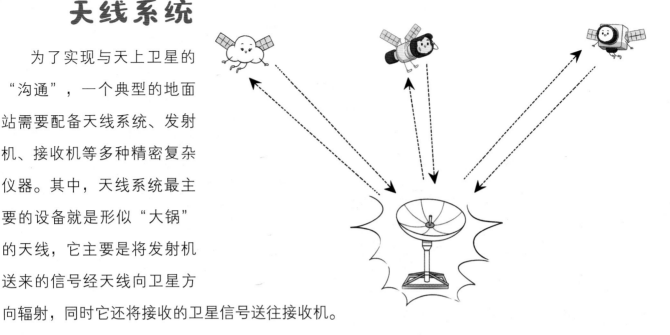

天宝和小朵看到的"圆球"其实是天线的保护罩，里面也是"一口大锅"。

导航卫星信号接收器

全球卫星导航系统主要由3个部分构成：空间部分、地面部分和用户部分。导航卫星信号接收器属于卫星系统的用户部分，接收来自卫星发射的导航信号，利用定位原理从中计算出导航信息，获取定位和授时等服务。

光速蜗牛安装上"参北斗卫星信号接收器"，就可以接收到导航卫星信号，再也不怕迷路啦！

导航卫星定位原理

　　卫星导航系统的导航定位原理是几何三球交会法，即分别以 3 颗导航卫星为球心，以用户接收机和导航卫星之间的距离为半径，3 个这样的球交会于一点，交会点就是用户接收机所处的位置。但是由于北斗卫星是分布在 20000 多千米高空的运动载体，只能在同一时间测定 3 个距离才可定位，要实现同步必须具有统一的时间基准，从解析几何的角度出发，北斗定位包括确定一个点的三维坐标和实现同步 4 个未知数，因此必须至少通过测定到 4 颗卫星的距离才能完成定位。

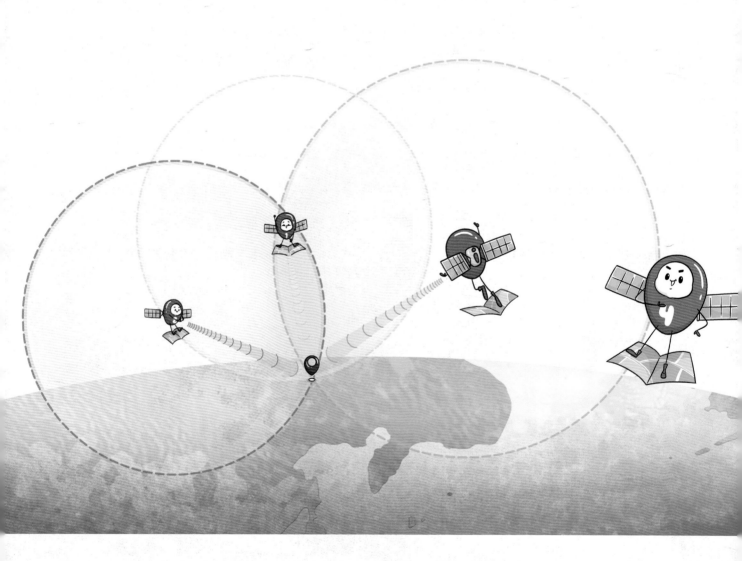

武器装备环境试验

地空导弹武器装备（以下简称地导装备）作为信息化条件下防空、防天作战体系中重要的拦截打击武器，具有抗击各种型号飞机、弹道导弹、巡航导弹等不同空、天来袭目标的能力，在保障国家或地区重要目标空天安全任务中的作用至关重要，而地导装备对贮存、运输、使用等各种环境的适应能力是其功能、性能发挥的基础。我国幅员辽阔，气候及地理环境复杂多样，典型严酷的自然环境涵盖了湿热海洋环境、湿热环境、湿热雨林环境、高原环境、干热沙漠环境、寒冷环境等，地导装备需在全国所有要地、要点部署，要求能适应所有的环境种类，因此试验需构建多种自然环境。

导弹武器装备，是守护国家安全的基石，更多关于导弹武器装备的故事请阅读《空天宝贝战斗吧》。

图书在版编目（CIP）数据

空天宝贝探索吧.4, 出发，寻找陨石 / 马倩主编；
郑焱, 唐纹, 谢露茜著；王柯爽, 郭真如绘. -- 北京：
电子工业出版社, 2025.1. -- ISBN 978-7-121-49008-8

Ⅰ. V4-49

中国国家版本馆CIP数据核字第2024Y2L078号

责任编辑：赵　妍
印　　刷：河北迅捷佳彩印刷有限公司
装　　订：河北迅捷佳彩印刷有限公司
出版发行：电子工业出版社
　　　　　北京市海淀区万寿路173信箱　邮编：100036
开　　本：889×1194　1/16　印张：14.25　字数：84.175千字
版　　次：2025年1月第1版
印　　次：2025年1月第1次印刷
定　　价：148.00元（全5册）

凡所购买电子工业出版社图书有缺损问题，请向购买书店调换。若书店售缺，请与本社
发行部联系，联系及邮购电话：（010）88254888，88258888。
质量投诉请发邮件至zlts@phei.com.cn，盗版侵权举报请发邮件至dbqq@phei.com.cn。
本书咨询联系方式：（010）88254161转1852，zhaoy@phei.com.cn。